LK 8 100

LES MONTS FEL-FELA

ET

LEURS CARRIÈRES DE MARBRE BLANC

I

Au mois de mai 1849, j'étais avec deux de mes amis à Marseille, sous le beau ciel du Midi, transi de froid ; un impétueux mistral soufflait depuis huit jours, chassant devant lui les douces brises d'Orient tant de fois célébrées en vers et en prose. A la place de ces brises amoureuses, cortége fortuné du printemps que les poëtes nous montrent semant en dansant les marguerites dans les prés et les parfums dans l'air, nous avions la triste réalité, c'est-à-dire les exhalaisons très-peu parfumées du port, et la rafale de mer distribuant sur les côtes de Provence ses giboulées insipides et ses glaciales grainasses. Notre maître d'hôtel, qui était un beau parleur, essayait de nous consoler en nous disant qu'à cette époque de l'année « le mistral sort souvent furieux des outres du mont Ventoux, la sentinelle avancée des Alpes. »

Il est bon de rappeler qu'en descendant le Rhône de Lyon à Arles, après avoir doublé le rocher volcanique de Rochemaure, portant fièrement au ciel sa tête couronnée de ruines féodales, après avoir passé sous le pont Saint-Esprit, déployant d'un côté du fleuve à l'autre ses vingt-trois arches, témoins de nombreux naufrages, le voyageur aperçoit au loin, sur la rive gauche, une montagne isolée qui dessine, dans les vapeurs de l'horizon, ses trapèzes formidables ; c'est le Ventoux, dont le sommet élevé de 1,959 mètres au-dessus du ni-

veau de la mer semble être en effet comme une sentinelle avancée
des Alpes, que franchirent joyeusement, à la fin du siècle dernier,
nos légions victorieuses de l'armée d'Italie. C'est au pied des Alpes
et de leur cime neigeuse, qu'au dire de Polybe, s'arrêta, saisie d'ef-
froi, l'armée d'Annibal, forte alors de 90,000 fantassins, 9,000 cava-
liers et 37 éléphants. Ainsi deux grands capitaines, Annibal et Bona-
parte, se sont trouvés là à deux mille ans de distance, allant tous deux
disputer à Rome l'empire du monde.

Le panorama qui se déploie sous les yeux du voyageur dans cette
partie du Rhône est magnifique, et les souvenirs qu'il laisse dans
l'esprit sont imposants ; mais ces souvenirs classiques, non plus que
la géographie imagée de notre maître d'hôtel, n'avaient pas le pou-
voir de faire prendre patience à des voyageurs qui connaissaient depuis longtemps Marseille, son port plein de mouvement, sa Canne-
bière, l'orgueil des Marseillais, son Prado, ses Aygalades, ses aque-
ducs de Rocherafour dignes des travaux romains, et son fort de
Notre-Dame-de-la-Garde,

Gouvernement commode et beau,

comme au temps de Chapelle et de Bachaumont. Tout cela, je le
répète, avait peu d'attraits pour nous. Nos pensées et nos plans de
voyage nous appelaient ailleurs. Mes amis et moi, nous avions hâte
de nous rendre en Algérie. Depuis huit jours nous étions retenus à
Marseille par le mauvais temps. On sait que pour des touristes, con-
trariés dans leurs projets de pérégrinations, huit jours d'attente sont
des siècles de tribulations et d'ennuis. Enfin, le 10 mai, le bateau
à vapeur, le *Phénicien*, de la compagnie Bazin, nous emportait vers
les côtes d'Afrique en dépit du mistral. Le 12, dans la matinée,
nous apercevions le golfe et le port de Mahon, capitale de l'île Mi-
norque, puis le lendemain, 13, nous vîmes s'élever insensiblement
dans les vapeurs de l'horizon un point grisâtre : c'était le sommet de
l'Atlas. Bientôt la ville d'Alger apparut à nos yeux sous l'aspect d'une
vaste carrière de craie taillée en cône.

Alger est aujourd'hui trop connu en France, trop d'écrits ont été
publiés sur cette capitale de l'ancienne régence barbaresque pour
que j'entre ici dans des détails qui pourraient n'être que des redites.
Alger ne figurait d'ailleurs sur notre itinéraire que comme une première étape. Le but principal de notre voyage était d'explorer la

province de Constantine, cette partie de nos possessions d'Afrique, si intéressante au point de vue de l'histoire, si riche d'avenir pour le commerce, les arts et l'industrie de la mère patrie. Nous devions pousser jusqu'aux ruines de Lambèse, et, chemin faisant, recueillir les souvenirs de celles de nos études artistiques, archéologiques et géologiques, qui nous auraient paru de nature à nous éclairer sur les nombreux éléments de richesses minérales offerts ici à l'intelligente activité de la métropole.

Chacun de nous avait son emploi : Félix D..., paysagiste, dont les toiles ont figuré avec distinction dans les dernières expositions du Musée, tenait l'album pittoresque du voyage; Alfred S..., ancien élève de l'école Polytechnique, aujourd'hui l'un des plus éminents fonctionaires du corps des mines, était spécialement chargé des recherches et des études géologiques dans leur rapport avec l'industrie; le troisième, simple touriste, n'était là avant tout que comme un homme qui va voir le ciel, les montagnes et l'eau pour revenir au foyer domestique avec quelques nouvelles images dans la tête et quelques sentiments de plus dans le cœur ; il remplissait en sa qualité de touriste amateur les fonctions modestes de secrétaire du journal, dépositaire des impressions de voyage, des épisodes de mœurs et du fruit des études communes.

Je détacherai ici quelques pages de ce journal, demandant grâce au lecteur pour les digressions familières aux touristes, parce que ces digressions sont essentiellement liées au sujet sérieux qui fera l'objet de cet article. Il s'agit des monts Fel-Fela, situés dans l'arrondissement de Philippeville et de leurs richesses minérales, richesses d'ailleurs bien connues des Romains, largement exploitées pendant leur domination en Afrique, mais encore aujourd'hui presque généralement ignorées en France.

Ce sujet nous a paru recevoir un nouvel intérêt de l'exposition permanente des produits de l'Algérie, ouverte par l'administration de la guerre. Là en effet on pourra vérifier *sur échantillons* ce que nous allons dire des marbres saccharoïdes de Fel-Fela, comparés aux mêmes produits de Carrare.

II

Dans les derniers jours du mois de mai, par une de ces matinées de printemps si charmantes en Afrique, un bateau à vapeur chauffait dans le port d'Alger. Ce bateau devait nous porter à Philippeville. Les blanches maisons mauresques qui descendent en grappes du sommet de la montagne jusqu'à la mer, étaient splendidement éclairées par le soleil, apparaissant au-dessus de la mer bleue, comme un sultan d'Orient qui sort de son bain, couronné d'or et de rubis. Déjà les délicieux paysages de Mustapha fuyaient devant nous avec le cap Matifous et la Kasbah. Les voyages sont comme les livres, ils donnent à penser, et le roulement des flots qui bercent les navires bercent aussi la rêverie. J'étais dans cette situation d'esprit qui fait le charme du tourisme. Je promenais un dernier regard d'espérance et d'intérêt sur ces parages si longtemps inhospitaliers, aujourd'hui notre seconde patrie. C'est là, me disais-je, c'est de ces hauteurs que de nos jours encore les pirates d'Hussein Bey épiaient les bâtiments de commerce, dont ils convoitaient la prise ; c'est là qu'une poignée d'écumeurs de mer, a trafiqué pendant des siècles entiers des larmes des chrétiens. Il y avait pourtant, sur les rivages d'Alger, une heure de joie et d'espérance pour les malheureux captifs ; c'était l'heure où l'on signalait le drapeau des Pères de la 'Merci arboré sur un navire chargé des aumônes destinées au rachat des esclaves. OEuvre sublime ! que le christianisme pouvait seul inspirer et qui rappelle ces paroles de saint Paul où respire une tendre charité : « Si un membre souffre, tous les membres souffrent aussi. »

La conquête d'Alger, par notre armée et notre marine française, a complété cette œuvre glorieuse en faisant disparaître à jamais la piraterie et ses repaires, avec lesquels toutes les puissances de l'Europe ont trop longtemps consenti de honteuses capitulations, dont la France les a définitivement affranchies.

D'Alger à Philippeville, la transition est brusque ; le voyageur se croirait transporté dans une autre région, si le costume et le langage des tribus voisines ne rappelaient encore le caractère général de la race africaine ; mais on ne retrouve plus dans cette ville écartée le mouvement et l'activité qui produisent tant d'impression sur le touriste observateur, lorsqu'il voit Alger pour la première fois. Avec sa population multicolore de Français, de Maures, de Bédouins, d'Espagnols, de Turcs, de nègres, de Biskris, de Kabyles, de Marocains, de Tunisiens, de Juifs, qui se croisent en tous sens, dans les rues françaises de Bab-el-Oued et de Bab-Azoun, ou dans les rues étroites et grimpantes de la ville arabe, Alger offre le spectacle animé d'un carnaval de Venise en permanence ; c'est comme une scène fantastique ue l'Opéra, qui aurait pour toile de fond la mer, pour coulisses les montagnes de l'Atlas, pour lustre un soleil luxuriant de lumière limpide et de feux. Alger est la ville cosmopolite. Philippeville, avec ses rues proprement alignées et ses maisons neuves, est la ville française dormant auprès des ruines romaines de l'ancienne *Rusicada*.

En 1838, le maréchal Vallée mettant à profit le calme qui régnait alors dans la province de Constantine, jeta les fondements de cette nouvelle cité. Peut-être le maréchal n'avait pensé d'abord qu'à une promenade militaire ; mais chemin faisant, voyant de beaux paysages, un beau ciel, une belle mer, il s'assit sur une pierre, dormit, rêva et se réveilla avec la pensée de fonder une ville sur les lieux où il s'était reposé. Voilà donc une ville sortie du cerveau d'un maréchal de France, comme Minerve tout armée sortit du cerveau de Jupiter. Entre une ville et point de ville, il n'y eut que l'espace d'un rêve et d'une nuit. C'est la phrase retournée de Sénèque sur Lyon, détruite par un incendie, sous Néron : « *Una nox fuit inter urbem maximam et nullam.* »

Non-seulement le maréchal Vallée avait compris l'intérêt de cette prise de possession d'un point important sur la côte ; mais les colons sentirent que là était le port de Constantine, l'entrepôt des approvisionnements et des exportations de toute la province. Philippeville s'éleva dès lors avec une extrême rapidité.

Une longue rue qui part de la mer se dirige entre deux monts jusqu'au point culminant qui forme à peu près le milieu de la ville, pour redescendre ensuite dans la plaine où coule la rivière dite l'Oued-Zeramna. De chaque côté de cette rue principale sont d'autres petites rues. Sur le versant oriental du Djebel-Bou-Joula, on retrouve l'ancien cirque bâti par les Romains. A son sommet on voit les magnifiques citernes romaines restaurées par les Français. En sortant par la porte de Constantine, du côté de la plaine, on remarque encore, au pied du Djebel-Skikda, la vaste enceinte elliptique qui formait les arènes, dont le génie militaire a achevé en 1844 (rapprochement étrange !) la destruction commencée par les Vandales en 428. La caserne de cavalerie qu'on aperçoit à la porte de Constantine, est bâtie en totalité avec les pierres de taille des arènes romaines.

A Philippeville, on découvre très-souvent de précieux restes de l'art romain. Un de mes amis m'a raconté qu'en 1844, se trouvant dans une rue, il vit des ouvriers paveurs retirer, à quelques décimètres de la terre, deux statues de grande dimension assez bien conservées. Ces statues sont aujourd'hui au musée d'Alger. Mais les débris de l'art et de la splendeur de l'ancienne Rusicada ne reçoivent pas tous les mêmes honneurs. J'ai vu dans la cour d'une maison de Philippeville un très-beau fragment de colonne de marbre servir d'auge à des chevaux.

Aujourd'hui Philippeville est un chef-lieu de cercle de la première subdivision, comprenant quinze tribus arabes dont la population s'élève à 14,187 indigènes.

La ville est enceinte de blokhaus et de murailles de défense. Partout la France a imprimé sur le sol algérien le sceau de son génie et de sa puissance. Des fortifications attestent de toutes parts que le gouvernement français n'entend plus abandonner cette glorieuse conquête. Le caractère national peut se modifier, il ne s'efface jamais. Nos marins disent que, dans les colonies nouvelles, les Espagnols commencent par bâtir une église, les Anglais une taverne et les Français un fort.

En même temps que de grands ports maritimes défendent le littoral contre les attaques du dehors, le sol intérieur, anciennement délaissé sous la domination insouciante des Arabes et des Turcs, est aujourd'hui protégé par des travaux permanents qui défient à jamais l'agression des indigènes. On comptait, en janvier 1852, cent trente-trois villes ou villages qui sont autant de créations nouvelles ou d'importantes restaurations des cités musulmanes.

III

Le lendemain de notre arrivée à Philippeville, nous tînmes conseil sur la question de savoir si nous nous y arrêterions quelques jours avant de poursuivre notre route vers l'ancienne Cirta, la vallée du Roumel et les montagnes de l'Aurès, célèbres dans les annales des voyageurs comme ayant servi de refuge aux derniers descendants des Vandales, dont les habitants ont, en effet, conservé le type et les traits. La nation kabyle, comme l'a fort bien remarqué M. le général Daumas, est un peuple en partie autochthone, en partie germain d'origine.

Félix D... opinait fortement pour que notre petite caravane se rendît sans retard à Constantine et de là à Lambèse, sauf à revenir après à Philippeville pour visiter les monts Fel-Fela, objet principal du voyage de notre ami l'ingénieur. Félix avait hâte de camper à l'aventure au milieu des ruines de la civilisation romaine, aux lieux mêmes où fut autrefois Lambèse la vengeresse (*vindex*), la puissante cité, la résidence de la troisième légion d'Auguste (*statio legionis Augusti tertiæ*), qui maintint si longtemps la Numidie sous sa domination (1).

Amateur passionné de l'art et de l'antiquité, le peintre, l'archéologue songeait, avant tout, aux richesses de son album ; mais l'ancien élève de l'école Polytechnique n'était pas moins enthousiaste de la science que le peintre n'était passionné de l'art. Alfred S... voulait que nous allassions tout droit et tout de suite planter notre pennon de touriste sur la crête des monts Fel-Fela, après en avoir exploré les richesses géologiques. La discussion, qui d'abord avait revêtu la magistrale gravité de la science, finit par tourner à la folle gaieté des vaudevillistes ; c'est assez la marche des choses sérieuses en France. L'artiste soutenait que les Muses devaient avoir le pas sur les schistes, les micaschistes, les roches diorites, amphibolites et autres. « Permis, disait-il, au géologue d'adorer le calcaire et le mica, permis au géomètre de cultiver avec amour les x et les z ; moi, je stipule au nom de la Muse de l'histoire et du dieu du Pinde ; je demande que les pyrites, les oxydes et les pyroxydes de fer passent après les chefs-d'œuvre de l'art antique dont on retrouve les témoignages encore debout dans les temples de la Victoire et d'Esculape, dans les amphithéâtres, les portes triomphales et les statues de marbre blanc qui font partie des ruines immenses de l'ancienne Lambèse. — Et moi, répliquait le géologue, je prétends qu'en toutes choses il faut procéder par le commencement (*ab ovo*). C'est dans les carrières de marbres des monts Fel-Fela qu'est l'œuf d'où sont sortis les temples d'Es-

(1) La légion était la milice de Rome par excellence, c'était Rome militante, avec tout ce que l'esprit romain avait de régulier, de permanent, de hiérarchique, de religieux. Les soldats changeaient, la légion restait avec son nom, ses souvenirs, ses emblèmes, son glorieux surnom : *adjutrix, pia, fidelis, victrix, fulminatrix*, etc. Le soldat romain aimait sa légion comme une autre famille. L'étranger soumis tâchait d'entrer dans la légion pour devenir Romain. Ainsi la force, le courage, l'ambition guerrière que Rome devait redouter chez ses sujets, elle savait les tourner à son profit. Le grand art, le grand secret de la politique romaine, en Afrique comme ailleurs, était de s'assimiler les peuples conquis. Les colonisateurs n'avaient pas d'autre but. N'y aurait-il pas là un enseignement pour la France ?

culape et de la Victoire avec leurs autels, leurs portiques et leurs statues colossales. *Montons au Fel-Fela pour en rendre grâce aux dieux.*

Alfred avait prononcé ces dernières paroles avec toute la solennité que dut mettre Scipion l'Africain *(Scipio Africanus major)*, lorsqu'il dit aux Romains : *Montons au Capitole !*

Ce mot termina gaiement la discussion. Il fut décidé, à la majorité des voix, qu'après avoir fait une pointe sur Stora, qui était dans l'antiquité le port de *Cirta*, aujourd'hui Constantine, nous pousserions notre reconnaissance de la côte jusqu'à l'embouchure de l'Oued-Rhiran.

Un double intérêt nous appelait de ce côté ; d'abord la route qui conduit de Philippeville à Bone est des plus accidentées et des plus pittoresques, ensuite cette course devait être comme une introduction obligée à notre prochaine visite aux monts Fel-Fela ; car nous n'étions point absolument édifiés sur la valeur de leurs merveilleux gisements de marbres, ni sur les moyens de transport et d'embarquement, en cas d'exploitation de ces carrières.

Maintes fois, dans nos causeries de touristes, Alfred S... nous avait parlé avec chaleur des fameuses carrières exploitées par les Romains dans ces contrées et si célèbres dans l'antiquité sous le nom de *marbres numides*. Il s'appuyait sur des autorités d'un âge assurément très-respectable, Pline et autres ; mais l'autorité de Pline ne nous paraissait point une caution bien rassurante. Pline n'était pas un géographe qui se piquât de beaucoup d'exactitude, ni un naturaliste toujours bien sérieux. S'il se montra difficile et peu convaincu à l'endroit des *astomes*, qui n'ont point de bouche et qui vivent d'air et de parfums, il ne fit pas difficulté d'admettre les hermaphrodites, les hommes changés en femmes, les grandes qualités de l'enfant qui naît avec des dents et mille autres balivernes. Pline rapporte tout, il croit à tout. A propos de l'Afrique, par exemple, il certifiera qu'il y a là des serpents longs d'une demi-lieue et des femmes qui sont accouchées d'un éléphant. Pline vous dit gravement de ce dernier fait, *constat*, il est certain. Nous pouvions donc, sans trop de sévérité, montrer quelque défiance dans l'autorité de Pline. Alfred le comprenait ainsi, car il invoquait en même temps des études plus récentes et plus spéciales, celles de M. Duboc, ingénieur des mines dans la province de Constantine, et les explorations scientifiques faites sur les lieux mêmes, de 1843 à 1846, par M. Henri Fournel, ingénieur en chef des mines de l'Algérie.

— La France, disait-il, doit reprendre l'œuvre des Romains, il y va de son honneur. Une compagnie de capitalistes sérieux qui entreprendrait ce grand travail de l'extraction des marbres de Fel-Fela, en même temps qu'elle doterait cette contrée de l'Algérie de nouveaux éléments de colonisation, et le commerce, de nouvelles richesses, s'assurerait à elle une excellente opération financière. Si l'Algérie, au lieu d'appartenir à la France, appartenait à l'Angleterre, poursuivait-il, la chose serait déjà faite.

Nous sentions qu'il y avait quelque chose de vrai dans cette boutade, mais nous n'en avions pas une foi plus vive.

Quant à notre ami, rien ne pouvait ébranler sa confiance. Il aurait dit comme Galilée : *E pur si muove!* « Vous verrez, vous verrez, s'écriait-il, qu'un jour ou l'autre, en dépit des rieurs et des incrédules, Fel-Fela détrônera Carrare sur le grand marché européen.

— Fort bien ! lui répondait-on ; admettons que vous avez sur le Djebel-Fel-Fela des carrières de marbres superbes, en grande quantité, de toutes qualités, une exploitation qui peut embrasser une étendue immense ; mais la manière de s'en servir, et les dépenses d'extraction ? »

A notre place, tout homme quelque peu pratique et sérieux aurait fait les mêmes réflexions. Sans doute la puissance des couches est la base essentielle d'une exploitation qui doit répondre aux besoins de l'avenir le plus éloigné ; mais pour que les profits qu'on voudrait se promettre de cette exploitation soient assurés, il faut que les conditions de formation, d'épaisseur et de stratification de ces couches soient telles qu'elles puissent êtres exploitées avec un prix de revient qui ne permette aucune incertitude sur les bénéfices de l'entreprise. Ce n'est pas tout : il faut encore que le transport des blocs à la mer, qui forme un élément non moins essentiel du prix de revient, se présente dans des conditions non moins favorables. Voilà des marbres superbes, numides, translucides, saccharoïdes et autres, pour la statuaire, pour l'architecture, pour le commerce, à merveille ! mais comment et par où embarquerez-vous vos trésors saccharoïdes et translucides sur ces côtes hérissées de falaises et de rochers ?

Alfred S..., en sa qualité d'ingénieur, de mathématicien et de géomètre, trouvait ces réflexions fort justes. « Vos objections me plaisent, disait-il ; vous ne les eussiez pas faites, que j'aurais été au-devant, car elles m'offrent des points de comparaison entre les carrières de Carrare et de Fel-Fela tout à fait à l'avantage de celles-ci et de leur exploitation. J'y répondrai sur les lieux mêmes et, je l'espère, d'une manière péremptoire. Avant tout, laissez-moi le plaisir de vous tracer ici, en peu de mots, les mille et une tribulations des extracteurs de Carrare. Je ne parlerai pas d'après ce que j'ai vu, de mes yeux vu, vous pourriez croire à des idées préconçues, je laisserai parler des autorités plus sûres et complétement à l'abri de toutes suspicions plus ou moins légitimes. »

En disant cela, Alfred étalait sur la table une demi-douzaine de vieux volumes portant dans leur reliure et sur leurs marges la trace de l'index investigateur du bibliophile et du savant. « Voici deux auteurs, s'écriait-il, qui ne vous paraîtront pas suspects de préventions contre l'exploitation des carrières de Carrare; ce sont deux Italiens, l'un Toscan, l'autre Romain, Targioni et Spallanzini; vous y verrez ce qu'ils disent de la *trompeuse apparence* des gisements de marbres blancs *et des frais énormes* d'extraction. Je vous citerai encore un voyageur que vous ne suspecterez pas davantage de complaisance et d'engouement pour l'Algérie, à laquelle, de son temps, on ne pensait guère assurément, c'est de Lalande, le fameux astronome, un savant qui fait encore autorité dans la science. Voici son *Voyage en Italie*, publié pour la première fois à Paris en 1769. Ecoutez ce qu'il rapporte touchant l'extraction des blocs: « Le travail des car-« rières de Carrare est très-pénible, *il manque aux marbres un port* « *d'embarquement rapproché de l'atelier d'extraction.* On a voulu creu-« ser un port, mais les atterrissements de la mer s'y opposent; on « est obligé d'employer à grands frais des espèces de chaloupes qui « viennent sur le rivage. On soulève les blocs avec des moufles pour « les descendre dans le petit bâtiment, et avec des cabestans on fait « glisser et monter le marbre; après quoi on remet la chaloupe à « flot en la lançant, pour aller retrouver au large le grand navire « destiné à les transporter à Livourne si c'est pour l'Angleterre et « l'Amérique, à Marseille si c'est pour la France, etc. »

« Avez-vous bien compté les embarquements, réembarquements et transbordements? reprenait notre ami après sa citation; maintenant, faites l'addition des frais. »

De Lalande ajoute, dans ce même ouvrage, que la plus belle carrière de Carrare est *effondrée*. Quant à celles de Serraveza, située à quatre lieues de Carrare, le même auteur reconnaît qu'elle donne de beaux marbres, *mais très-difficiles à exploiter*, et qu'enfin la *pénurie,* la *difficulté du choix* des marbres ainsi que celle du transport sont telles que des sculpteurs ont été séjourner et ébaucher leurs ouvrages à Carrare même.

De Lalande cite entre autres l'habile sculpteur de Toulouse, Lucas, qui y passa plus d'un an pour le bas-relief du canal de Toulouse. Les lions de marbre placés aux Tuileries ont aussi été faits à Carrare, et, de nos jours, M. Héricart de Thury se plaignait avec raison qu'un grand nombre de statues qui décorent nos jardins et les maisons opulentes soient sorties des ateliers de Carrare. « Il s'est, disait-il, établi en Italie des ateliers de sculpture où l'on travaille le marbre statuaire à côté des carrières. Des sculpteurs accoutumés à manier le marbre fournissent actuellement l'Europe entière de statues et de bas-reliefs et paralysent chez nous les talents de nos sculpteurs. Ceux-ci ne travaillent que des blocs de marbre transportés de Carrare à grands frais; ils ne peuvent lutter avec des artistes inférieurs en talents, le bon marché de ces derniers les faisant souvent préférer aux chefs-d'œuvre de nos artistes (1). »

La vérité est qu'aujourd'hui les choses à Carrare sont exactement dans le même état qu'elles étaient alors. Aujourd'hui, comme il y a cinquante ans, comme il y a cent ans, les difficultés d'extraction, de transport et d'embarquement sont les mêmes. On peut questionner à cet égard les artistes qui ont visité cette contrée de la Toscane et les négociants expérimentés qui font le commerce des marbres.

Pour éclairer des doutes qui commençaient fortement à s'ébranler. nous n'avions qu'une chose à faire, c'était de parcourir le littoral de la Méditerranée qui contourne le Djebel-Fel-Fela et d'explorer ensuite les divers gisements de marbre que renferment ses montagnes, afin de reconnaître tout à la fois la richesse des gisements qui nous était annoncée, et la facilité de leur extraction et de leur embarquement dans des conditions plus favorables qu'à Carrare. C'est justement ce qu'Alfred nous avait proposé comme argument péremptoire, et c'est le récit de cette excursion intéressante que je vais mettre sous les yeux du lecteur.

IV

Un officier de la garnison de Philippeville nous avait obligeam-

(1) Rapport sur l'état des carrières de marbres de France.

ment offert de nous accompagner suivi d'un interprète maure, ce que nous acceptâmes avec reconnaissance. Nous avions fait prix avec un Arabe appartenant au douar du cheik des monts Fel-Fela, pour nous servir de guide.

C'était un beau jeune homme à l'œil noir de jais, aux dents blanches rangées comme des perles; une pensée intelligente et rêveuse se peignait sur son mâle visage bronzé par le soleil. Il portait sur les épaules, drapé à l'antique, un burnous qui laissait voir une jambe faite pour la statuaire. Lady Stanhope aurait reconnu là ce type particulier à la race arabe, dont elle parlait si galamment à M. de Lamartine lors d'une visite que lui avait faite l'illustre poëte.

Notre cicerone arabe nous aurait conduit à des conditions de bon marché fabuleuses pour des Parisiens, si nous n'eussions pas libéralement enchéri sur sa demande.

L'interprète maure trouvait ce bon marché tout naturel, « non pas, « disait-il, que les Arabes ne tiennent point à l'argent, il y en a qui « recevraient volontiers vingt-cinq coups de bâton pour quelques « *douros*, mais des jambes d'Arabes ne comptent jamais avec le che- « min. » — Il faut savoir qu'en Afrique les Maures détestent cordialement les Arabes, qui le leur rendent bien. Ce qu'il y a de certain, c'est que l'Arabe est de sa nature très-sobre. Quelques boulettes d'une grossière farine de seigle ou de froment, un peu de marc de café, voilà le menu habituel de sa nourriture en voyage. A-t-il soif? il saura toujours bien trouver l'eau d'une source ou d'une citerne, autant pour se désaltérer que pour satisfaire aux ablutions religieuses. Un Français disait un jour à l'un de ces indigènes toujours nomades, toujours errants à la grâce de Dieu : « Comment fais-tu pour vivre? — Celui qui a créé ce moulin, répondit-il en montrant une respectable rangée de dents, celui-là n'est pas embarrassé de fournir la mouture. » L'Arabe vit en effet sur les fonds de la Providence. A défaut de café et de dattes sèches, il aura les sauterelles.

Les sauterelles sont, comme il dit, *la moisson volante* du désert, moisson qui s'étend partout. C'est quelquefois un plat de deux ou trois lieues de long, plat fatal aux pays cultivés sur lesquels il s'abat, mais consacré cependant par les livres saints. Mahomet a prononcé ceci : *Meriem* (c'est l'orthographe bédouine du nom de Marie), ayant demandé à Dieu la faveur de manger une chair qui n'eût pas de sang, Dieu lui envoya des sauterelles. L'Arabe vivra donc au besoin de sauterelles.

Nous avions quitté Philippeville au lever du soleil, montés sur nos mules, munis de cartes, de livres et de quelques autres provisions non moins utiles, sous une latitude où le couscoussou forme le fond de la science culinaire et où le voyageur européen, qui ne vit pas de régime arabe, rencontre pour satisfaire son appétit plus de chacals à la maraude que de poulets à la broche.

Le ciel pur étincelait de clartés radieuses, comme s'il eût voulu rendre plus solennel le paysage accidenté qui se développait à chaque pas devant nous. Au-dessus de nos têtes chantaient l'hirondelle et l'alouette bleue, gracieuse messagère du printemps en Afrique.

La route qui conduit de Philippeville à Stora était à peu près l'ancienne voie romaine. Stora sert aujourd'hui de port et de rade à Philippeville, dont elle n'est éloignée que d'une lieue et demie. On traverse pour y arriver quatre ponts placés sur les cours d'eau qui descendent de la montagne et vont se jeter à la mer. Les fondations de ces ponts sont de construction romaine. Au-dessus et au-dessous de la route le versant de la montagne est couvert de ruines romaines qui disparaissent bientôt, comme si elles avaient honte de leur grandeur déchue.

Dans l'antiquité Rusicada, et non point Stora, ainsi qu'on l'a souvent dit, était le port de Constantine. Comme point le plus rapproché de la capitale numide, Stora devait être pour les Romains le débarcadère de Rusicada, comme il est pour nous le débarcadère de Philippeville.

L'énorme masse qui termine le golfe de Stora est formée de porphyre avec cristaux de feldspath, de quartz et de mica. De puissantes masses de grès quartzeux constituent le Djebel-Kreiba, séparé du Djebel-Fel-Fela par la vallée dans laquelle est campée la tribu des Guerbès.

Il y avait dans la baie de Stora, au moment de notre arrivée, quelques bâtiments de commerce espagnols et français. Les marins que nous avions questionnés sur ce mouillage nous dirent tous que pendant l'hiver les navires en s'amarrant à quatre près de terre peuvent s'y mettre à l'abri des vents. Pendant la belle saison, les navires mouillent dans la baie, entre le cap Fel-Fela et le cap (Ras-Skida) qui en forment l'abri le plus sûr. — On y trouve toujours un bon fond, nous disait un autre vieux capitaine de cabotage, qui navigue dans ces parages depuis vingt ans, et de tous temps les eaux de la baie sont accessibles aux navires du plus fort tonnage.

C'était là un point important; c'était un premier renseignement de nature à confirmer l'opinion d'Alfred touchant les facilités d'embarquement et d'exportation des blocs provenant des carrières de Fel-Fela.

De Stora nous regagnâmes la route de Philippeville à Bône, que nous devions suivre jusqu'au pont qui traverse la petite rivière d'Aïn-Fel-Fela. C'est un des nombreux cours d'eau qui descendent des montagnes du Djebel-Fel-Fela pour se jeter dans l'Oued-Rhiran; celui-ci, le plus important de tous, va se perdre dans la mer. L'eau de la petite rivière d'Aïn-Fel-Fela est très-fraîche et très-bonne à boire. Nous l'avons expérimenté dans une halte que nous fîmes sur l'une de ses rives, pour un frugal déjeuner. Non loin de là, on voit encore les vestiges d'un aqueduc romain.

En remontant la rivière d'Aïn-Fel-Fela, on trouve sur la rive droite, à quelque distance de la route de Philippeville, quelques masures abandonnées et le mont Sidi-Amar. C'est le premier gisement de marbre qui se présente à vous comme une vedette placée là pour montrer au voyageur le chemin du grand massif de marbres blancs où sont les carrières autrefois exploitées par les Romains.

A droite et à gauche nous avions laissé derrière nous, à travers les vallées et les ravins, ici un bois de figuiers, là des grenadiers, des chênes verts. Plus loin, beaucoup plus loin, sont des prairies, arrosées tantôt par l'Oued-Rhiran, tantôt par l'Oued-Meçadjet qui passe auprès des ruines de Paratianæ, ancienne ville romaine. Il semble qu'on ne puisse faire un pas en Algérie sans heurter du pied l'ombre du peuple-roi.

Sur le versant de ces montagnes, les sources, comme nous l'avons dit, sont nombreuses. Les unes se précipitent avec fracas de roches en roches et tombent en cascades diamantées sur le sol qu'elles fertilisent, les autres roulent mélancoliquement leurs eaux dans la plaine. Nous avons plusieurs fois remarqué des terres cultivées par les indigènes, entre autres la jolie vallée de Bou-N'cha assez étendue pour y bâtir un village. Du mois de novembre au mois de mai, nous disait notre interprète, les torrents et les rivières enflées par les pluies grossissent rapidement, souvent même ils débordent, mais quand viennent les grandes chaleurs ils diminuent, et bientôt ne laissent dans leurs lits que de minces filets d'eau qui toutefois pourraient être très-avantageusement utilisés pour des irrigations agricoles.

Des travaux d'art, comme nous le faisait observer Alfred S..., pourraient facilement ménager les eaux on en améliorer le cours.

L'Oued-Rhiran et l'Aïn-Fel-Fela y conservent même en été une quantité d'eau suffisante qui, au moyen de quelques travaux peu dispendieux, feraient marcher des usines hydrauliques pendant la sécheresse. Plusieurs fours à chaux sont alimentés par les pierres calcaires de la contrée. Ce sont ces fours qui ont servi à la construction de Philippeville.

Ajoutons que dans ce groupe de montagnes abruptes et de riantes vallées qu'on pourrait comparer aux sites alpestres les plus pittoresques de la Suisse et de l'Italie, l'air est extrêmement sain. Nous avons rencontré dans un des gourbis établis au pied de l'une de ces montagnes, le gourbi de Sidi-Aïssa, autant que je puis me le rappeler, deux Français faisant là très-bon ménage avec les indigènes. Ils nous disaient qu'en aucun pays de France ils ne vivraient plus heureux et mieux portants. Cette apparition tout à fait imprévue de deux compatriotes heureux et paisibles au milieu d'une tribu de Kabyles nous avait singulièrement impressionnés. Le fait n'est pas rare, l'officier qui cheminait avec nous nous assurait qu'il en avait vu pendant son long séjour en Algérie, de fréquents exemples, et il ajoutait : C'est un démenti donné à l'agréable plaisanterie africaine que voici : « Mettez un Français et un Kabyle dans la même marmite, faites-les bouillir pendant trois jours, et vous aurez deux « bouillons séparés. »

Décidément les Kabyles sont moins diables qu'ils ne sont noirs.

Notre guide nous avait fait passer par de longs défilés qu'éprouvèrent plus d'une fois les calamités de la guerre avant la fondation de Philippeville et l'occupation de Collo par le général Baraguay-d'Hilliers en 1843. Çà et là nos yeux se reposaient sur de petites touffes de verdure couronnées de boutons d'or et d'églantiers. Hélas ! me disais-je, peut-être ces bouquets ont-ils servi de lit de douleur à l'un de nos frères, à quelque soldat mourant loin de la France, pensant à son village et à sa mère ?

Et dulces moriens reminiscitur Argos.

La patrie est une seconde mère. Le vers du poëte romain est éternel.

C'était à mesure que nous avancions vers le massif des paysages nouveaux et imprévus. La brise parfumée de plantes aromatiques, le ciel bleu, les sources vives coulant en rubans argentés à travers les lauriers-roses, les aloës et les oliviers, l'aspect des rocs tourmentés qui faisaient diversion aux calmes espaces de la plaine, tout cela nous jetait dans la surprise et le ravissement. Félix, le peintre, était enchanté, Alfred avait une figure épanouie et triomphante sur laquelle on pouvait lire encore son mot fameux : *Montons au Fel-Fela !*

En effet, nous n'étions encore arrivés qu'au pied de l'escarpement sud de la montagne des marbres blancs, nous quittions souvent la route muletière, et nous y laissions nos montures pour aller reconnaître de nombreux dépôts de minerais, de fragments de blocs, de fer oligiste et de fer oxydulé plus ou moins mêlé de fer oligiste. Sous nos pieds craquaient des scories, indice certain du traitement métallurgique de ces minerais. A la richesse de la terre végétale et des nombreux gisements de marbre, le Djebel-Fel-Fela ajoutait donc encore d'importantes richesses minérales ; c'était ce que nous avait annoncé Alfred, il lui était permis de triompher.

Nous approchions des gigantesques et magnifiques affleurements de marbres qui forment le sommet et le grand massif du Djebel-Fel-Fela. Ici la nature bouleversée par quelques-unes des convulsions qui ont soulevé les chaînes de l'Atlas n'offre plus que des escarpements déchirés dans tous les sens, des excavations béantes au faîte desquelles frissonnent des bouquets de palmiers-nains et d'aloës à la feuille sombre et menaçante comme un glaive.

Dans ses extases d'artiste, Félix avait pris ses crayons, il dessinait avec amour cette fière et sauvage nature digne des pinceaux de Salvator Rosa, mais Alfred, le géologue, l'homme positif, mesurait la hauteur des escarpements, reconnaissait la stratification des couches de marbre, en étudiait les diverses qualités, en calculait la puissance, puis, armé de son marteau de géologue, il frappait la montagne, assuré, disait-il, d'en faire sortir un jour des trésors pour l'art et l'industrie de son pays, comme autrefois Moïse du bout de sa verge fit jaillir de la pierre d'Horeb des sources abondantes pour étancher la soif du peuple hébreu. A mesure que les morceaux de marbre de toutes espèces, de toutes couleurs tombaient sous le marteau, notre ami en ramassait les spécimens précieux, les classait avec méthode et les renfermait dans des boîtes après les avoir soigneusement étiquetés.

Pendant ce temps-là, Félix dessinait toujours, et moi, promenant mes yeux et ma pensée du pied au faîte de ces colosses de marbre, je songeais au projet qu'eut un jour Michel-Ange de faire saillir des sommités des montagnes de Carrare une sorte de phare pour les navigateurs. Ce projet de Michel-Ange serait peut-être plus utile ici par la raison que la mer est beaucoup plus rapprochée des montagnes de Fel-Fela qu'elle ne l'est de Carrare.

Quant au guide arabe, il regardait cette scène avec une insouciance moqueuse; il ne comprenait pas comment on venait de si loin pour barbouiller de noir du papier et pour ramasser des pierres afin d'en charger ses mules. Le Maure, initié à ces mystères de la civilisation, s'approcha de son compatriote et lui expliqua l'intérêt que nous prenions à cette exploration de la montagne. Il lui disait que ces roches de marbre d'un blanc si pur, d'un grain si fin avaient servi jadis à construire des palais, et que les Français voulaient encore en faire chez eux un même usage. Mais l'autre ne comprenait pas davantage que l'on pût attacher aucun prix à des maisons de marbre, alors que les Arabes vivent si heureux abrités avec leurs troupeaux sous des tentes de poils de chèvres ou de chameaux, plantées tantôt ici, tantôt là, libres comme l'air. La tente, c'est la famille, c'est la vie de l'Arabe, c'est une patrie qui le suit partout. Quand un Arabe en rencontre un autre, il met la main sur son cœur et lui dit : « Ta tente va-t-elle bien ? »

Nous avions fait une halte auprès de l'extrémité sud du point culminant de la montagne, là où s'étendent de l'est à l'ouest d'énormes couches de marbre blanc, occupant un espace immense. Au centre de cette grande formation, une vallée de dégagement dont le sol est jonché d'éclats de marbre et de blocs sur lesquels les traces de l'ébauche sont encore visibles, nous annonçait les derniers vestiges de l'exploitation romaine.

A la gauche de cette vallée, dans une vaste excavation faite à travers des bancs de calcaire saccharoïde à grain fin, les bancs en escalier qui en forment les flancs laissent voir encore dans les traits de scie et les nombreux coups donnés pour équarrir les blocs, surtout dans les emboîtures destinées à recevoir les coins, les moyens bien simples d'extraction employés autrefois par les anciens.

Il faut avoir vu Pompéi, être entré dans une de ses maisons nouvellement débarrassées du blanc suaire de laves qui l'enveloppait depuis près de deux mille ans, il faut s'être assis auprès de la table couverte encore des mets qui semblent attendre le maître, pour comprendre l'impression que firent sur nos esprits ces traits de scie que nous aurions pu compter et qui paraissaient être faits de la veille.

Pline nous avait d'ailleurs fort bien renseignés à ce sujet. Il nous apprend que les Romains connaissaient parfaitement l'usage du sable que l'on introduit sous la scie pour hâter son action : « *Arena fit, et ferro videtur fieri.* » Histoire naturelle, livre XXXVI, chap. VI (1).

Arrêté devant cette vaste excavation de l'exploitation romaine, l'Arabe ficha son bâton en terre, et le sourire dédaigneux sur les lèvres, il s'écria : *Hanout-el-kebir !* Voilà la grande boutique ! c'est-à-dire le grand atelier des ouvriers romains. Nous avions, en effet, sous les yeux l'une des plus grandes excavations pratiquées par les anciens. Sans doute c'était de ces bancs magnifiques de marbres blancs à grains fins que les sculpteurs de Rusicada, d'Hippone, de Cirta, etc., firent sortir les statues gigantesques, les temples, les amphithéâtres, les portiques, les fûts des colonnes qui jonchent le territoire de Lambèse et de tant d'autres contrées de l'Afrique, comme une manifestation imposante de l'expansion du génie et de l'art romains. A cette époque de la domination romaine, la prospérité du pays était si grande, les colonies si riches que Tibère avait rendu un décret portant défense d'exiler en Afrique, parce que, y était-il dit, « en quittant Rome on « retrouvait Rome. »

Dans cette partie supérieure des monts Fel-Fela, on peut réellement constater des richesses incalculables de marbre blanc de toutes qualités, y compris *le statuaire* dont Carrare seul est aujourd'hui en possession d'approvisionner le monde entier.

Là et dans d'autres gisements du groupe de Fel-Fela on remarque des spécimens de marbres de toutes les couleurs. Notre jeune savant ne manquait jamais d'en enrichir sa collection. Généralement ces marbres étaient cristallins ; il y en avait de gris quelquefois mouchetés de substances métalliques, puis du bleu turquin veiné de filets noirs

(1) Il y a aussi dans les environs de Bône des carrières de marbres, mais ceux-ci d'un très-gros grain. C'est de l'une de ces carrières, celle du cap de la Garde, anciennement exploitée par les Romains, que le génie militaire en 1845 a tiré les blocs qui forment le piédestal de la statue équestre du duc d'Orléans, élevée sur la place du Gouvernement à Alger. La proximité de la mer et la bonté du mouillage près du fort Génois, ont rendu facile le transport de ces blocs ; leur extraction a fait disparaître les traces du travail romain. Jusque-là on pouvait les y retrouver de la manière la plus nette. Ainsi on voyait très-distinctement les trous qui servaient aux ouvriers pour s'échafauder, afin d'excaver des entailles latérales de chaque côté du bloc.

d'un fort joli effet. Tantôt c'étaient des bancs entiers d'un beau jaune nuancé passant au rouge plus ou moins foncé, relevé de fines arborisations noires imitant de fantastiques arabesques. Nous trouvâmes encore dans les déblais d'une ancienne carrière les éclats d'un beau marbre nuancé et jaspé de vert clair, de rose et de pourpre. Ce mystérieux travail de la nature qui transforme ainsi des calcaires en une variété infinie de marbres a reçu de la science le nom de *métamorphisme :* admirable métamorphose dont la science a trouvé le nom, mais dont la nature seule a gardé le secret.

Ces marbres jaune, rose et pourpre avaient très-vivement excité notre intérêt. C'étaient évidemment les spécimens des marbres, dont la couleur était si remarquable et qui furent si fort recherchés des anciens, plus particulièrement sous le nom de *marbre numidique.* Les historiens et les naturalistes, les géographes et les poëtes : Pline, Varron, Sénèque, Strabon, plus exact que Pline, Horace, Juvénal ont célébré à l'envi les marbres de Numidie. Ces marbres, s'il fallait en croire quelques auteurs modernes, seraient sortis des carrières situées dans les environs de Carthage. Selon nous, c'est là une erreur.

Lorsque Paul Orose, qui au commencement du cinquième siècle, visita deux fois saint Augustin en Afrique, veut définir la Numidie ; il dit que c'est *le pays où sont les villes d'Hippone et de Rusicade.* OEthicus, au milieu du cinquième siècle, et Isidore dans le septième, reproduisent littéralement la même définition de la Numidie.

Or, comme Philippeville est l'ancienne Rusicada, il s'ensuit que les monts Fel-Fela, situés près de cette ville, et où l'on trouve encore des spécimens parfaitement conformes à la description que les anciens nous ont laissée des marbres de Numidie, peuvent être considérés comme des gisements précieux de ces anciens marbres numides.

Horace décrit les bains fastueux de Claudius Etrascus ; il les représente tapissés de marbres *pourpre* et *jaune* des Numides.

> Sola nitet flavis Numidum decisa metallis
> Purpura...

Sénèque déplore l'emploi dans les bains des marbres alexandrins incrustés de marbres numidiques. « *Nisi Alexandrina marmora*, NUMIDICIS CRUSTIS, *distincta sunt.* » (Epist. 86.)

Dans sa septième Satire, Juvénal oppose la misérable rétribution des gens de lettres aux prodigalités futiles des riches, il montre ces

derniers élevant une salle à manger soutenue par des colonnes de
marbres de Numidie.

> Parte alia longet Numidorum fulta columnis
> Surgat, et algentem rapiat cœnatio solem.

Parmi les trois cent soixante colonnes de marbres étrangers, que
l'édile Scaurus fit transporter toutes taillées à Rome, pour son magnifique théâtre, les marbres *blanc, jaune* et *rouge* pourpre de Numidie sont particulièrement cités. Les marbres blancs de Numidie (aujourd'hui Fel-Fela), avaient donc dès ces temps-là un renom de qualité et de beauté au moins égales aux marbres italiens de Carrare.

Nous croyons ainsi ne pas nous être écarté de la vérité en disant
que les éclats des beaux marbres numides *jaune* et *pourpre* qui craquaient sous nos pieds, dans les déblais de l'ancienne carrière romaine dont nous venons de parler, étaient les débris de ces marbres numides si célèbres dans l'antiquité. Dira-t-on que les échantillons que nous avons trouvés dans ces déblais appartiennent à des
gisements épuisés par l'ancienne extraction romaine? L'opinion con-
traire est formellement énoncée dans un travail de M. Dombrowski,
à la suite d'une exploration des monts Fel-Fela en 1851. Voici littéralement ce que cet ingénieur écrit :

« Tout près des bancs de marbre jaune d'un avenir assuré, j'ai
« rencontré un banc d'un marbre blanc semi-cristallin, divisé par
« des lits minces, *rose* et *jaune pâle*, entrecoupés çà et là par des pe-
« tits filets *rouges* et *jaunes plus foncés*, ce qui semble dénoncer la
« présence dans les monts Fel-Fela *du marbre numidique proprement*
« *dit*, très-renommé du temps des Romains, qui, d'après la descrip-
« tion des anciens auteurs, devait être de couleur pourpre et jaune. »

Mais ces prévisions très-rationnelles ne dussent-elles pas se réali-
ser, que l'exploitation des marbres de Fel-Fela serait déjà bien assez
précieuse et assez riche pour la statuaire et les monuments de grand
luxe. « Ces richesses sont telles, dit encore M. Dombrowski dans un
« travail sur les gisements de Fel-Fela, que quelle que soit l'impor-
« tance des excavations faites par les Romains, les couches encore in-
« tactes qui se montrent à ciel ouvert, sur une superficie de deux
« cent cinquante mille mètres carrés, pourraient suffire pendant bien
« des siècles à tous les besoins de la consommation, tant de l'Europe
« que de l'Amérique, et cela sans même qu'il soit tenu compte de la

« puissance de ces mêmes couches dans les profondeurs où elles
« plongent. »

V

Nous avions parcouru dans tous les sens les divers groupes de montagnes qui forment comme une constellation de terrains calcaires du Djebel-Fel-Fela. Les richesses minérales de ces groupes, la variété des marbres, la splendeur des affleurements, la puissance des couches, leur stratification si favorable aux travaux d'exploitation; tout cela ne faisait plus pour nous l'objet d'un doute. Nous étions partis de Philippeville munis d'une forte dose d'incrédulité; nous y rentrâmes convaincus et très-vivement impressionnés de ce que nous avions vu.

On a dit souvent que les Français ne doutent de rien. Peut-être autrefois cela était vrai, mais aujourd'hui en France on est devenu très-douteur. Il est des choses qu'il faut savoir dire à son pays comme à soi-même : l'incrédulité est une des pentes les plus funestes du caractère français; l'Algérie en fournirait au besoin la preuve. N'a-t-on pas douté de tout en ce qui concerne ce fortuné pays, qui ne demande qu'un regard de la mère patrie pour lui rendre en trésors agricoles et industriels ce qu'elle lui aura donné de confiance et de sympathie.

Ce fait bien établi des immenses gisements de marbres rivaux de Carrare dans le Djebel-Fel-Fela, il nous reste à parler des moyens de transport et d'embarquement. On va voir qu'ici encore une exploitation de ces marbres présenterait un avantage des plus considérables sur l'exploitation de Carrare, dont la carrière la plus rapprochée de la mer en est encore éloignée de près de vingt kilomètres, tandis que l'on trouve à sept kilomètres seulement du massif d'exploitation des carrières de Fel-Fela l'embouchure de l'Oued-Rhiran à la mer. Or, il y a là un bon fond et l'on pourrait y faire, moyennant quelques travaux d'art déjà étudiés, un port d'embarquement pour les blocs.

Le port de Stora, qui n'est lui-même qu'à une distance de quatorze à quinze kilomètres du Djebel-Fel-Fela et où, comme on l'a vu plus haut, les navires d'un fort tonnage trouvent un bon mouillage pendant plusieurs mois de l'année; le port de Stora, disons-nous, serait un autre point non moins essentiel d'embarquement, d'entrepôt et d'exportation. Il faut bien savoir que du premier port d'embarquement, situé à l'embouchure de l'Oued-Rhiran, on ne compte tout au plus que deux heures de navigation pour se rendre à Stora. Il n'y aurait donc point ici pour l'exportation des marbres de Fel-Fela, les transbordements multipliés et dispendieux nécessités à Carrare. Les bâtiments en destination pour Philippeville qui manquent très-souvent de chargements à leur retour, seraient assurés d'en trouver désormais à leur convenance. On comprend de suite de quel intérêt serait cette certitude pour le développement commercial de cette partie de l'Algérie.

Les anciennes carrières du sommet de Fel-Fela sont situées à environ six cent cinquante mètres au-dessus du niveau de la mer. Cette disposition naturelle du terrain permettrait encore de pratiquer, sans de grandes dépenses, un chemin de fer d'un parcours de douze kilomètres, du sommet de Fel-Fela au port de l'Oued-Rhiran, se développant par de nombreux lacets à travers le sol accidenté.

Tout le monde sait en effet que pour une exploitation de la nature de celle-ci, il n'est pas de question d'une plus sérieuse importance que celle d'un point d'embarquement rapproché et sûr, communiquant au chantier d'extraction par une voie directe et économique, comme celle du rail-way indiqué.

La compagnie qui entreprendrait, avec les capitaux nécessaires, cette grande et belle opération industrielle plus heureusement placée que Carrare pour l'exportation de ses produits au moins analogues, favorisée dans l'abaissement sensible du prix de revient par la disposition naturelle des couches de marbre stratifiées, protégée dans l'importation en France par ses droits de douane s'élevant à 145 fr. le mètre cube, perçus sur les provenances étrangères et encore par l'absence des droits d'exportation qui pèsent sur les produits de Carrare pour une somme annuelle d'environ 300,000 fr. au profit du fisc modenais; cette compagnie, dis-je, en position de livrer aux consommateurs des qualités égales, sinon supérieures, par la finesse du grain, devra inévitablement vulgariser l'emploi du marbre blanc statuaire, du marbre monumental et d'autres qualités secondaires que semble réclamer le développement général du luxe et du comfort, non-seulement en France et sur le continent, mais en Amérique, car l'Amérique est le principal débouché des marbres de Carrare. On peut s'en convaincre par le tableau de la production des diverses exploitations de Carrare.

Cette production s'élève annuellement, en moyenne, à 42,000 tonnes.

Ces 42,000 tonnes de marbre se répartissent, pour l'achat et l'importation, ainsi qu'il suit :

Amérique du nord	19,000
France	10,000
Angleterre	5,000
Belgique	3,000
Italie	2,000
Hollande	2,000
Russie	1,000

Outre les marbres en blocs, Carrare expédie encore, chaque année, de 150 à 200,000 tables, carreaux, statuettes, cheminées, objets d'ornements, mortiers. Les tables vont dans le Levant et l'Amérique du sud ; les carreaux sont très-recherchés par la Belgique, la Hollande, l'Amérique du nord et aussi par le Levant.

Il ne faut pas oublier de dire qu'à ce chiffre d'exportation des blocs de marbre de Carrare porté à 42,000 tonnes on doit ajouter, pour les articles ouvrés dont on n'indique pas ici le poids, un nombre au moins égal de 42,000 tonnes ; au total, 84,000 tonnes, soit 84,000,000 de kilogrammes ou 31,111 mètres cubes.

Complétons ces renseignements sur la production et l'exportation des marbres de Carrare par d'autres chiffres non moins importants dans la question et non moins exacts, puisque nous les trouvons consignés dans un rapport officiel du consul général de Livourne fait au gouvernement dans le courant du mois dernier :

« Les exploitations de marbre de Carrare forment l'une des prin-
« cipales branches du commerce de Livourne.

« La production moyenne de ces diverses exploitations, qui s'élève,
« comme on vient de le voir, à 42,000 tonnes pesant, se divise ainsi
« qu'il suit, eu égard aux qualités :

« 3/4 blanc clair ;

« 1/8 statuaire ;

« 1/8 veiné, portoro, dardiglio et autres de qualité commune.

« Le blanc clair coûte sur place 3 3/4 à 5 lirès (3 fr. 25 c. à 4 fr.
« 2 c.) le palmo cubo de Gênes, qui équivaut à 1/64 de mètre cube.

« Le statuaire coûte 5 à 30 lirès (4 fr. 20 à 25 fr. 20 c.), mais son
« prix varie selon la beauté et le volume des blocs.

« Le veiné coûte 5 à 6 lirès (4 fr. 20 c. à 5 fr. 4 c.) le palmo.

« Le portoro coûte 6 à 7 lirès (5 fr. 4 c. à 6 fr. 88 c.).

« Le dardiglio coûte 5 à 6 lirès (4 fr. 20 c. à 5 fr. 4 c.).

« Les frais de transport au lieu d'embarquement pour l'étranger
« sont à la charge du vendeur ; on les calcule à 14 lirès 1/2 (12 fr.
« 38 c.) pour 25 palmi cubes de Carrare à Gênes, et à 11 lirès 1/2
« (9 fr. 66 c.) pour le transport de la même quantité de Carrare à
« Livourne. Il faut ajouter à ces évaluations 5 p. 100 de chapeau.

« La situation, la nature géologique des carrières, plus ou moins
« éloignées de la mer, faisant varier les prix de revient du marbre,
« on ne peut les déterminer d'une manière précise ; mais on estime
« qu'en général le bénéfice est d'au moins 25 p. 100 ; il doit même
« en ce moment (août 1853) aller au delà, car il y a beaucoup de de-
« mandes, et les prix augmentent de plus en plus. »

Tous les faits de topographie, de géologie et de statistique que
nous venons d'exposer, nous avaient été si bien démontrées dans
notre pérégrination à travers le Djebel-Fel-Fela et ses montagnes ;
nous avions acquis une telle confiance dans les avantages que pourrait recueillir une exploitation intelligente et régulière des gisements
que, lors de l'exposition des produits de l'industrie qui eut lieu à
Paris en 1849, celui qui trace ces lignes en prit acte dans une série
d'articles sur l'Algérie publiés alors par la *Patrie.*

Pour la première fois depuis la conquête, les salles d'exposition
de l'industrie nationale avaient donné asile aux produits algériens.
L'innovation fut fort goûtée du public, qui s'émerveillait de la richesse de ces produits et de leur variété ; c'est de ce jour peut-être que
date l'attention plus sérieuse apportée par la métropole au sol fécond
de notre possession d'Afrique. Il existait toutefois une lacune étrange
dans cette partie de l'exposition spéciale à l'Algérie ; divers produits
minéraux figuraient, et l'on n'y voyait pas un seul spécimen des
beaux marbres blancs de Fel-Fela, qui attirent aujourd'hui l'attention de tous les visiteurs dans la galerie d'exposition permanente,
ouverte rue de Bourgogne, 6, par l'administration de la guerre. Cette
lacune incroyable était signalée dans les articles précités, et leur auteur y exprimait l'étonnement et les regrets qu'elle devait inspirer à
des hommes comme nous, dont les souvenirs étaient encore remplis
des splendides richesses marbrières du Djebel-Fel-Fela.

Depuis quelques années, la colonisation a fait en Algérie des pro-
grès que l'on ne saurait méconnaître ; l'industrie agricole y a pris,
sous le gouvernement actuel, un remarquable essor. Mais ce n'est
pas tout, il faut encore convier en Algérie les grandes explorations
industrielles sous toutes les formes, afin qu'elles en utilisent tous les

produits. M. Henri Fournel s'est servi à ce sujet d'une expression ingénieuse que je me plais à reproduire :

« Quand je songe, dit-il, aux avantages immédiats qu'on peut ti-
« rer de l'exploitation des mines, depuis si longtemps oubliées en
« Algérie; quand je songe aux métamorphoses que les eaux arté-
« siennes peuvent produire dans la fertilité d'un sol comme celui de
« l'Algérie, je suis entraîné à admettre que *c'est par le dessous que*
« *nous arriverons à la conquête définitive du dessus.* »

VI

Nos lecteurs, nous l'espérons bien, ne se seront pas mépris sur la pensée de cet écrit. Ni mes amis ni moi nous n'avons eu la prétention de découvrir les monts Fel-Fela, comme en ces derniers temps un spirituel conteur a découvert la Méditerranée. Nous avons voulu tout simplement, en utilisant quelques souvenirs de voyage, appeler l'attention du pays et des hommes pratiques sur les ressources précieuses offertes au commerce et à l'industrie dans l'excellence des productions minérales de cette partie de la province de Constantine. Mettre pour la première fois au jour de la publicité des faits pour ainsi dire ensevelis dans le sanctuaire de la science, ignorés de la plupart des voyageurs qui ont visité l'Algérie, et de ceux mêmes qui l'ont habitée pendant plusieurs années (1), vulgariser les connaissances de ces mêmes faits dans le monde des affaires, tel a été notre but, et ce sera aussi auprès des lecteurs sérieux le seul mérite de ce récit. Toutefois, et comme garantie de l'exactitude de ces souvenirs de voyage, nous croyons devoir terminer par quelques citations empruntées à des rapports officiels émanés d'hommes qui font autorité dans la science. Rien n'est superflu quand il s'agit de donner au lec-

(1) Voici ce qui m'est arrivé : Je demandais un jour à un Français qui habitait depuis plus de quinze ans la province de Constantine s'il connaissait les richesses géologiques du Djebel-Fel-Fela. Il me répondit avec candeur : « Quelles richesses ? Je n'ai jamais entendu parler de Fel-Fela. »

On s'étonnera moins de cette ignorance quand on saura que pas un des *Guides du voyageur* en Algérie, ou des Indicateurs, ou des Annuaires ne fait mention des montagnes de Fel-Fela et de leur constitution géologique. Des nombreux auteurs qui ont écrit sur l'Algérie, pas un non plus ne parle de Fel-Fela.

teur une entière confiance dans la sincérité de ses récits et la justesse de ses aperçus. Ce n'est point ici une puérile satisfaction d'amour-propre, c'est l'accomplissement d'un devoir.

L'exploration des richesses minérales de l'Algérie remonte à l'année 1842; l'idée en appartient au maréchal Soult, alors ministre de la guerre. Le maréchal confia cette importante mission au zèle et au savoir de M. Henri Fournel, ingénieur en chef des mines de l'Algérie. Le résultat de ces savantes explorations a été consigné dans un travail ayant pour titre : *Richesses minérales de l'Algérie*, imprimé par ordre du gouvernement, mais qui ne se trouve pas dans le commerce.

Après avoir constaté les affleurements de minerais mêlés aux magnifiques gisements de marbres blancs, rivaux de ceux de Carrare, M. Henri Fournel s'exprime ainsi :

« On voit, par tout ce qui précède, que les monts Fel-Fela renferment des richesses dignes d'attention. La contrée n'est pas dépourvue de bois, et, sans aucun doute, les soins dont j'ai parlé plus haut (un bon système de conservation des forêts) la couvriraient rapidement d'assez de bois pour rendre possible l'alimentation de quelques usines. Quant à l'exportation des minerais et des gros blocs de marbre, elle nécessiterait l'ouverture d'une ou plusieurs routes conduisant à l'embouchure de l'Oued-Rhiran où *l'embarquement est facile* par le beau temps. Ces routes n'auraient qu'un faible développement, et elles auraient l'avantage d'être *toujours descendantes jusqu'à la mer*. Les chariots remonteraient à vide. »

En définitive, ajoute M. Henri Fournel : « Il n'y a là que les difficultés qu'il a fallu vaincre presque partout où une industrie s'est établie, et même *il y en a moins* que sur une foule de points où ces difficultés ont été vaincues avec profit (1). »

Plus récemment, dans d'autres rapports remontant à l'année 1851, MM. Chevalier et Dombrowski, ingénieurs des mines, ont recherché et constaté avec plus de détail que n'avait dû le faire M. Henri Fournel, dans un travail embrassant l'Algérie tout entière, les ressources immenses que présentent les gisements de marbre de Fel-Fela, et après en avoir décrit la position géographique et la constitution géologique, ils ont indiqué, comme l'avait fait sur les lieux mêmes, notre ami Alfred, quels étaient en raison de la position des carrières,

____

(1) *Richesses minérales de l'Algérie*, p. 123.

les moyens faciles et économiques de transport et d'embarquement des marbres.

Appréciant la vaste étendue des gisements de marbre, qui se révèlent sur divers points de la montagne par des couches à ciel ouvert, M. Dombrowski en évalue la puissance a plus de *dix-huit millions de mètres cubes* en ne tenant compte que des surfaces découvertes, et il oppose cette richesse d'exploitation à celles des carrières de Carrare qui, dit-il, « déjà fatiguées par des exploitations séculaires ont peine à satisfaire à des besoins croissants s'élevant aujourd'hui à plus de 100,000 tonnes. »

VII

Dans ce qu'on vient de lire, loin de nous la pensée d'appeler la prohibition des marbres étrangers, encore moins de faire une rivalité purement mercantile aux marbres français des Pyrénées, du Languedoc et de la Corse. Nous apprécions trop bien les avantages de la concurrence, dans les différentes branches de l'industrie, pour solliciter jamais aucune exclusion des produits similaires, même à titre d'encouragement. Que les choses restent ce qu'elles sont, avec un simple droit protecteur pour les importations des marbres d'Italie, et que les marbrières de France fassent chacune du mieux qu'elles pourront, soit en Corse, soit en Algérie, soit dans les Pyrénées, soit ailleurs. L'intérêt des consommateurs saura bien juger entre les concurrents et choisir parmi les diverses exploitations celle qui lui fournira les plus beaux marbres, le plus régulièrement, en plus grande quantité et aux meilleurs prix.

On a essayé à différentes époques d'affranchir la France du tribut qu'elle paye à l'étranger pour ses marbres. On a invoqué le souvenir des conquérants de la Gaule. On a dit que les Romains, il y a quinze cents ans, connaissaient les marbrières de la Gaule mieux que nous ne les connaissons nous-mêmes, puisqu'ils y avaient puisé les matériaux des magnifiques monuments dont on retrouve les vestiges précieux à Vienne, à Valence, à Aix, à Arles, à Autun, à Limoges, etc. On a rappelé la protection spéciale accordée par nos anciens rois François Ier, Henri II et Henri IV à l'exploitation des marbres français. Il est très-vrai que ces princes ont voulu que leurs palais ne fussent décorés qu'avec des marbres de France. Il existe à ce sujet une lettre curieuse du roi Henri IV à son *compère* Bonne de Lesdiguières, gouverneur du Dauphiné. Louis XIV avait appelé toutes les provinces à lui fournir les marbres qui ont servi à l'embellissement de ses palais de Versailles, de Meudon, de Marly, de Trianon. Ce qui n'empêcha pas Louis XIV, soit dit en passant, de demander à Carrare ses plus beaux marbres statuaires ; témoins le grand escalier du palais de Versailles et cet article consigné entre plusieurs autres dans un État de dépenses de l'Intendance des bâtiments du roi, de 1699 à 1705, où il est dit que les blocs de marbre blanc que Mansard fit venir de Carrare pour les deux groupes des chevaux de Marly coûtèrent 32,000 fr. Ils étaient chacun de quatre cents pieds cubes, ce qui porte à 40 fr. le pied cube de marbre blanc, lequel vaut aujourd'hui de 90 à 100 fr. en première qualité de statuaire, à cause de la pénurie et des difficultés d'extraction, toujours croissantes dans les marbrières de Luni, de Serraveza, de Massa-Carrara et autres.

Plus récemment, sous la restauration, on a surélevé les droits d'importation des marbres étrangers. On a demandé à la tribune législative que le gouvernement ordonnât de n'employer que des marbres français dans nos monuments publics.

Cependant, malgré ces hautes protections royales, malgré les encouragements et les mesures fiscales employées dans l'intérêt des marbrières françaises, on n'a pu empêcher qu'elles ne soient aujourd'hui à peu près délaissées, et que nos édifices publics, et en général tous les monuments de l'art, ne présentent que des marbres apportés à grands frais de l'étranger. Ce délaissement tient à plusieurs causes.

Dans les Pyrénées, notamment à Loubie et à Saint-Béat, on trouve des marbres blancs de belle qualité statuaire ; mais ici, plus fréquemment encore qu'à Carrare, ces marbres se produisent en rognons engagés dans la roche, ce qui en rend l'extraction difficile et coûteuse ; on y chercherait en vain les couches profondes et les superbes affleurements qui existent à Fel-Fela. Les artistes statuaires reprochent à ces marbrières plusieurs défectuosités très-nuisibles à leur emploi pour la statuaire. Héricart de Thury, qui fut un des protecteurs les plus zélés des marbrières françaises, regrette qu'elles ne présentent pas une égalité plus parfaite dans le grain et dans la dureté des blocs. « Ils sont, dit-il, souvent sillonnés de veines » (ce que les artistes appellent des *poils*). Toutefois, le savant ingénieur signale dans la vallée de Barousse (Hautes-Pyrénées) la marbrière de Sost comme contenant de beaux marbres statuaires. « Ils se travaillent, ajoute-t-il, avec la même facilité que les marbres de Carrare ; mais ils ont sur ceux-ci le mérite d'une plus parfaite égalité dans le grain, et celui bien plus précieux encore de ne point contenir de noyaux siliceux ou quartzeux, qui font souvent rebuter les plus beaux marbres de Carrare et de Luni (1). »

Mais, dira-t-on, comment se fait-il qu'alors que les Romains et les anciens rois de France ont pu tirer de nos marbrières les nombreux monuments dont nous admirons encore la splendeur, nous ne puissions pas faire de même aujourd'hui avec des procédés d'exploitation et des moyens de transport si bien perfectionnés? La réponse sera simple. Quand de Rome un empereur écrivait à un proconsul des Gaules : Bâtissez des palais, des temples, des théâtres, des cirques, il ne manquait jamais d'ajouter : Prenez vos soldats, prenez vos légions. Cela ne coûtait rien aux empereurs. Dans l'ancien régime, sous nos rois, *la corvée* remplissait à peu près le même office que les légions romaines employées aux travaux publics. Mais autres temps, autres conditions de travail. Les industriels et les capitalistes ne jouissent pas des priviléges des empereurs romains ni des rois de France; ils ont tous un maître suprême auquel il faut obéir et avec lequel il faut compter, sous peine de ruine. Ce maître est le prix de revient. Trouvez une compagnie financière qui s'engage à bâtir de nouvelles pyramides avec les nouveaux procédés de l'art, mais sans le vieux procédé des Pharaons!

La qualité de la chose exploitée et le prix de revient, telle est la base de toute bonne opération industrielle et financière.

On a dit encore que c'était au défaut d'exploitation des carrières de marbres français, qu'il fallait attribuer la seule cause du tribut que nous payons à l'Italie. Nous avons vu cependant se créer en France de grandes exploitations marbrières, à la tête desquelles se trouvaient de riches propriétaires et des hommes spéciaux et intelligents. Le succès n'a pas répondu aux efforts, et ces exploitations sont en grande partie abandonnées. Pourquoi cela? c'est qu'à part la qualité des marbres qui laissent beaucoup à désirer, les marbrières en France sont reléguées dans les terres, éloignées des grands cours d'eau et de la mer; ce qui nécessite de très-grandes dépenses pour le transport. Ainsi, pour ne citer qu'un exemple qui pourrait faire pendant aux

(1) Rapport à la Société d'encouragement pour l'industrie nationale. *Annales des mines, t. VIII,* 1823.

chevaux de Marly, nous savons de source certaine que le bloc de marbre, dans lequel M. David a sculpté la statue qui décore la tombe du général Gobert au cimetière du Père-Lachaise, a coûté seulement pour le transport de la carrière à Toulouse, la somme énorme de vingt mille francs !

On conçoit que de telles dépenses ont dû singulièrement refroidir les acheteurs.

VIII

Résumons-nous : Les richesses minérales du Djebel-Fel-Fela, la variété et la qualité de ses produits rivaux, les conditions économiques de l'extraction et de l'exportation de ses marbres statuaires et autres, pour être à peu près ignorées de tout le monde en France, n'en sont pas moins des faits réels, incontestables. De ces blocs de calcaires oubliés depuis deux mille ans sur la cime des monts Fel-Fela, le génie du travail est appelé à faire naître chez nous de nouveaux élements de prospérités commerciales ; il affranchira l'art et l'industrie du tribut annuel que nous payons à l'Italie pour l'importation de ses marbres. C'est ce que comprenait très-bien le lord anglais qui, visitant en 1852 ces mêmes montagnes, s'écria dans l'admiration de ce qu'il voyait : « Voilà une véritable Californie de marbres ! *Here liefs a true Californian marble richness.* »

De ce mot qui traduit si bien le génie pratique des affaires chez nos voisins d'outre-Manche, peut-être il n'y a qu'un pas à la formation d'une compagnie anglaise pour l'exploitation des carrières de marbre et des minerais du Djebel-Fel-Fela ; cela s'est vu en plus d'une circonstance.

Sans doute, nous nous réjouirons toujours de voir les capitaux sérieux de l'Angleterre s'associer à ceux de la France ; mais il ne faudrait pas se laisser devancer par les étrangers, dans l'exploitation d'un territoire qui est désormais une partie intégrante de l'empire français.

Toutefois, il faut espérer qu'il n'en sera pas ainsi des carrières de Fel-Fela. Nous savons qu'un armateur de Marseille, M. Hernandez, a acheté ces carrières, et qu'il est muni du titre régulier de concessionnaire des terrains qui en dépendent. Que cet honorable négociant mette la main à l'œuvre, car dans cette *Californie de marbres*, pour nous servir du mot anglais, il y a, selon nous, mieux qu'une affaire purement industrielle, il y a une grande et belle entreprise nationale à laquelle, nous en sommes convaincu, les sympathies du gouvernement ne feront pas défaut.

Remarquons d'ailleurs que la colonisation agricole trouverait également son intérêt dans l'exploitation des gisements marbriers de cette contrée. Dans le travail des carrières les Arabes auraient encore des bénéfices assurés qui les feraient se mêler chaque jour davantage à la population européenne. C'est ainsi que Rome s'assimilait les peuples qu'elle avait soumis. « De quoi se composerait l'empire, écrivait Sénèque, si une sage politique n'avait partout mêlé les vainqueurs et les vaincus (*De irâ*, 11, 34). » C'est là, en effet, une seconde et pacifique invasion plus sûre que celle de la conquête. Et comme le remarque fort bien M. le comte Franz de Champagny, dans son livre des *Césars* : « Rome, après avoir pris possession par l'épée, prenait possession par la charrue. Le soc de Romulus entrait dans le sol étranger bien plus profondément que le glaive. »

J. BÉLIARD.

Paris, imprimerie de Pillet fils aîné, rue des Grands-Augustins, 5.